AF465779

TRAITÉ D'UN NOUVEL HYGROMETRE COMPARABLE,

Imité de celui de M. DE LUC;

Contenant la defcription de cet inftrument, la maniere de le graduer, &c. le réfultat des obfervations faites par fon moyen, & des remarques pour fervir à faire connoître l'influence des différens météores fur la féchereffe & l'humidité de l'atmofphere.

Par M. RETZ, Docteur en Médecine à Arras.

Se trouve

A Paris, chez MÉQUIGNON l'aîné, Libraire;

Et à Amiens, chez J. B. CARON Fils, Libraire-Imprimeur du Roi, rûe S. Martin.

M. DCC. LXXIX.

AVERTISSEMENT.

ON a satisfait, dans ce Traité, aux conditions qui ont été justement imposées pour la perfection d'un Hygromètre comparable, par M. SENNEBIER, Bibliothécaire de la République de Geneve dans le *Journal de Physique* du mois de Mars 1778, en ces termes :

Pour la Construction.

» 1°. Les corps les plus propres » pour faire des Hygromètres com- » parables, seront très-minces, en » observant pourtant que s'ils étoient » trop amincis, ils seroient d'abord » saturés d'eau, l'humeur couleroit, » & on ne pourroit la retenir «.

» 2°. Ils seront aussi élastiques » qu'il sera possible, afin de pouvoir » les trouver exactement dans les

» mêmes circonstances aux mêmes » points «.

» 3°. Il faudra sur-tout que s'ils se » saisissent avidement de l'humidité, » ils puissent aussi facilement la lais- » ser échapper. «

» 4°. Que l'eau les pénetre sans les » altérer. «.

Pour la Graduation.

» 5°. Il importe de pouvoir ap- » précier l'effet que la chaleur & le » froid produisent sur les instrumens. « (On verra qu'aucun des Hygromêtres connus, pas même ceux de MM. *de Luc* & *Sennebier*, ne satisfont à cette condition avec autant de justesse & de simplicité que celui qui est le sujet de ce Traité.)

Pour la Comparabilité.

» 6°. On doit pouvoir en préparer » par-tout de semblables; mais pour » remplir ce but, il faut avoir égard

» dans leurs constructions à des points » semblablement déterminés pour les » temps & pour les lieux «.

» 7°. Il faut que ces degrés d'hu» midité puissent s'apprécier d'une » maniere qui en permette la com» paraison «.

» 8°. Il faut autant qu'il est possi» ble que l'Hygromêtre montre tou» jours le même degré dans les mê» mes circonstances, & qu'il puisse » passer & repasser par ces points » toutes les fois que ces variations » seront les mêmes «.

N. B. *Il entroit dans mon plan, après avoir consacré quelque loisir à perfectionner un Hygromêtre comparable, de le faire connoître aux Physiciens capables de m'éclairer de leurs lumieres, & d'appuyer ma découverte de leurs suffrages ; je n'ai eu qu'à me louer d'en avoir donné plusieurs avec les éclaircissemens nécessaires pour les imiter, jusqu'au mois de Mars de cette année, que* quelques papiers publics firent mention que l'on formoit des prétentions tendantes à m'enlever le fruit de mon travail ; j'ai défendu mon invention, comme je le devois, moins pour l'amour d'en paroître l'Auteur, que pour repousser une espece de reproche que je n'avois pas mérité : aujourd'hui que je publie la description de cet instrument, avant que celui qu'un autre prétend lui substituer sous son nom, soit connu, je me dois de revendiquer tout ce que l'Hygromêtre nouvellement annoncé pourroit avoir de ressemblant à celui que je vais décrire ; mais en revanche, je déclare que les choses en quoi cet instrument différeroit du mien, ou lui seroit supérieur, ne feront qu'augmenter en moi l'idée des connoissances profondes & des talens distingués du Physicien qui aura travaillé sur mon modele.

NOUVEL HYGROMETRE COMPARABLE.

1. QUOIQUE l'Hygromêtre que je propose soit imité de celui de M. *de Luc*, c'est une vérité que je n'avois aucune connoissance de l'instrument de ce Physicien, quand je formai le projet de me procurer un Hygromêtre qui eût la même forme. Le premier que je fis en 1775, étoit composé du tube d'un Thermomêtre auquel j'avois enlevé la boule, & à la place de laquelle, je n'hésite point de l'avouer, j'avois attaché une espece de boule de parchemin assez artistement faite & remplie de mercure, qui montoit & descendoit dans le tube,

ſelon la ſéchereſſe & l'humidité de l'atmoſphere.

2. Je paſſe rapidement de ce coup d'eſſai à l'époque où je lus dans le Mémoire de M. de Luc, la deſcription de l'Hygromêtre ingénieux & ſolide qui lui avoit mérité la palme de l'Académie d'Amiens en 1774; je fis faire cet inſtrument, je le graduai conformément aux principes de ſon Auteur, & je le joignis à mes autres inſtrumens, pour compléter mes Obſervations Météorologiques. Quelques idées m'ayant engagé à en faire faire pluſieurs, & à répéter attentivement toutes les expériences de M. de Luc pour m'aſſurer de leurs réſultats, je trouvai que ces réſultats différoient de ceux de M. de Luc dans un point eſſentiel.

3. Il eſt vrai, comme M. de Luc l'annonce, (*art.* 4.) qu'au moment où l'on plonge l'Hygromêtre dans l'eau échauffée à quarante-cinq degrés, au ſortir de la glace fondante, le mercure baiſſe de quatre ou cinq de ſes degrés au-deſſous du fil qui marque ſa hauteur dans la glace; mais je n'ai pas vu qu'il remontât, ou

bien il remonte fort peu, & en replaçant l'inſtrument dans de la glace fondante, au ſortir de l'eau chaude, le mercure baiſſe encore de quatre ou cinq autres degrés, & d'un plus grand nombre ſi on lui fait éprouver pluſieurs fois de ſuite la même alternative.

4. J'ai cru devoir conclure de-là, que l'eau chaude augmente la propriété dilatable du cylindre d'ivoire, qui eſt la partie agiſſante de l'Hygromètre de M. de Luc, & que le *maximum* de l'humidité qu'il a donnée à cet inſtrument, par la ſeule impreſſion de l'eau froide, n'étant pas le point du *maximum* de la dilatation de ce cylindre, l'inſtrument n'eſt comparable qu'à ceux qui n'ont point éprouvé l'influence des vapeurs froides, après avoir été pénétrés de vapeurs chaudes; j'en trouvai la preuve dans l'obſervation du même Hygromètre qui, pour avoir été mis dans l'eau froide, au ſortir de l'eau échauffée à quarante-cinq degrés, ſe trouva dans la ſuite toujours plus bas de ſept à huit degrés, que ceux qui n'avoient pas éprouvé le même changement. M. de

Luc eſt trop favoriſé du génie qui préſide aux inventions, pour prendre en mauvaiſe part cette réflexion, qui n'a d'autre but que d'étendre la ſphere de ſa découverte.

5. Cette obſervation jointe aux difficultés de choiſir, de tourner & de forer un morceau d'ivoire convenable, d'employer un bon Thermomêtre, la même quantité de mercure qu'il contient & des balances très-exactes pour faire la réduction de ce que contiendra le cylindre d'ivoire, difficultés qui ont ſans doute interdit juſqu'à préſent aux Phyſiciens l'uſage de l'Hygromêtre de M. de Luc, tout cela, dis-je, m'invita à tâcher de ſimplifier cet inſtrument, en ſubſtituant à ce cylindre une plume à écrire, dont cet Auteur a lui-même parlé dans ſon Mémoire, & en employant une maniere de le graduer, ſoumiſe à des points fondamentaux invariables, plus ſimple, & ſur-tout indépendante de tout autre agent que l'humidité, pour établir ces points. Voici comment je réuſſis.

CONSTRUCTION.

6. Je choiſis une petite plume d'oie, à

laquelle aucun accident n'a enlevé la pellicule qui ferme naturellement ſon extrêmité inférieure ; je la coupe en rond, à environ un pouce & demi de diſtance de cette extrêmité; je la plonge dans l'eau bouillante, & l'y laiſſe tremper pour la dilater & la dégraiſſer; enſuite je la remplis d'un cylindre de bois ajuſté à ſa cavité & qui y entre avec force, & la fais ſécher remplie de ce moule (1).

(1) Les grandes plumes ſont également bonnes pour faire des Hygromêtres, il ne s'agit que de leur adapter des tubes qui leur ſoient proportionnés; les degrés de leur échelle ont plus d'étendue, voilà toute la différence, qui eſt la même à l'égard des Thermomêtres dont la boule contient plus de mercure. J'ai eu la curioſité d'eſſayer combien il étoit poſſible de donner d'étendue aux degrés de l'Hygromêtre ; j'en ai fait un avec une plume de Cigne de quatre pouces quatre lignes de longueur ſur 4 lignes $\frac{1}{4}$ de diamêtre à ſa partie ſupérieure ; elle étoit ſoudée à un tube de verre de trente pouces de long, dont l'ouverture avoit $\frac{1}{3}$ de ligne de diamêtre ; la marche de cet inſtrument, lorſqu'il a été gradué, occupoit l'eſpace de vingt-deux pouces, pour ſoixante degrés de ſon échelle.

7. Je l'amincis en la ratissant jusqu'à ce qu'il ne lui reste pas plus d'un quinzieme à un dix-huitieme de ligne d'épaisseur, ou qu'elle ne soit pas plus épaisse que le velin ou la vessie seche (1).

---

(1) Les plumes plus minces ont le défaut que M. *Sennebier* a voulu prévenir (*avertissement 1°.*); celles qui sont plus épaisses, ont celui de n'être pas assez susceptibles. Les Hygromêtres faits avec celles-ci, ne sont pas d'accord avec les autres qui, étant très-sensibles, ont souvent éprouvé différentes variations avant que les premiers aient été seulement disposés à s'émouvoir. Par exemple, lorsque dans l'après-midi d'un beau jour d'Eté, l'Hygromêtre ordinaire est à soixante degrés, souvent celui dont la plume n'est pas aussi mince, n'est encore qu'à cinquante degrés, & la constitution de l'atmosphere a changé, c'est-à-dire, l'Hygromêtre a reçu l'ordre de baisser avant que celui-ci ait eu le temps d'atteindre au soixantieme degré, où il seroit cependant parvenu si la durée de la sécheresse avoit été proportionnée au peu de sensibilité de cet instrument; c'est ce qui fait qu'il se tient toujours plus bas de plusieurs degrés que les autres, qui sont si sensibles, qu'ils obéissent à des confluens d'humeurs imperceptibles dans l'atmosphere, qu'ils montrent le passage des plus petits nuages, & que la main qu'on en approche, sans

8. Pour ratisser, je me sers de morceaux de verre cassés ou d'un canif bien affilé. (1).

---

que la transpiration en soit sensible, le fait descendre de plusieurs degrés.

(1) Je conduis l'instrument dans la situation verticale, le tranchant étant perpendiculaire sur la plume, & je le tire d'une extrêmité à l'autre, de maniere que j'enleve à chaque coup un filet de toute la longueur de la plume; j'ai soin de tourner celle-ci dans une main très-lentement, & d'agir avec l'autre très-légérement.

Il y a plusieurs précautions à prendre pour réussir dans cette opération qui est délicate; 1°. on doit avoir un vase plein d'eau pour y tremper de temps en temps la plume, tandis qu'on la ratisse, afin d'empêcher qu'elle se séche, parce que l'instrument prend davantage sur elle, lorsqu'elle est seche, que quand elle est humide, & que sans la précaution de l'humecter, on ne manque jamais de la crever, quand elle est amincie à un certain point; 2°. il faut retirer de temps en temps le moule hors de la plume pour observer les endroits qui sont restés plus épais, & les soumettre particuliérement à l'action de l'instrument; 3°. il faut enlever à chaque tour, le duvet qui s'amasse au collet de la plume où se termine la *ratissure*; 4°. quand le plus épais est enlevé, le moyen le plus facile d'a-

9. J'obſerve de conſerver à l'extrêmité ſupérieure de la plume, un collet d'une ligne & demie de toute ſon épaiſſeur, afin de donner plus de ſolidité à ſon corps, & d'en affermir la ſoudure avec le verre. (1) (FIGURE I.)

10. Je remplis la plume de mercure bien épuré juſqu'à la diſtance d'une ligne de ſon bord, & j'ai l'attention d'en extraire toutes les bulles d'air qui peuvent s'y être introduites avec le mercure (2).

11. D'autre côté, je prépare un tube de verre de la même groſſeur que la plume, & d'environ un pied de longueur, dont

---

chever l'*amincisſement* des plumes, eſt celui de les remplir d'eau, d'appliquer fortement le pouce ſur l'ouverture ou de la fermer avec un petit bouchon de liege fin, & d'agir doucement de l'autre main avec un canif bien affilé.

(1) Pour cela j'enveloppe l'extrêmité ſupérieure de la plume d'une petite bande de papier ou d'un tronçon d'une autre plume, qui ſert à arrêter le *ratiſſoir* à l'endroit où je veux que le collet commence.

(2) Je fais ſortir ces bulles d'air par le moyen d'un crin un peu fort que je promene dans le mercure ſur toutes celles que j'y apperçois.

l'ouverture ait $\frac{1}{4}$ à $\frac{1}{8}$ de ligne de diamêtre, & après m'être assuré de l'égalité intérieure de ce tube, je le lime en rond à une de ses extrêmités de la même longueur que le collet de la plume & de la même épaisseur; de maniere que l'extrêmité de celui-là remplisse exactement l'ouverture de celle-ci, & que l'endroit de leur réunion ne présente aucune inégalité (FIGURE 2.)

12. Après cela je chauffe un morceau de gomme-lacque à la flamme d'une bougie, & je l'applique autour de l'extrêmité limée du tube; & lorsqu'elle en couvre toute la circonférence dans un état de parfaite fusion, j'enfonce d'une main cette extrêmité dans la plume que je tiens perpendiculairement de l'autre; le mercure monte dans le tube à mesure que celui-ci s'enfonce dans la plume, je continue d'enfoncer jusqu'à ce que l'extrêmité de la plume repose sur l'extrêmité lisse du tube, & je tiens les parties en situation, tandis que la soudure refroidit (1).

(1) Il faut pour que cet Hygromêtre soit bon,

13. Enfin j'ajoute une virole de cuivre de trois lignes de hauteur, dont les proportions intérieures sont exactement la mesure de la grosseur du tube & de la partie supérieure de la plume; (FIGURE 3.) je la conduis en la faisant entrer par la plume, sur l'endroit où celle-ci se joint au tube, de maniere qu'elle couvre une égale étendue de chacune de ces pieces (1).

---

qu'il ne se soit point introduit d'air dans la plume avec le tube; on reconnoît qu'il y en a, quand, après que la soudure est refroidie, si on renverse l'instrument, le mercure s'écoule dans le tube; alors on essaye d'extraire cet air par le moyen d'un crin qu'on introduit par le tube & qu'on conduit dans la plume; si cela ne réussit pas, il faut réchauffer la soudure pour que l'air s'échappe en se dilatant, mais il faut avoir la précaution d'envelopper auparavant la plume d'une autre plume, ou d'un cylindre de fer blanc, pour la garantir de la flamme de la bougie; quand il n'y a point d'air dans la plume, on a beau renverser l'Hygromêtre, le mercure à la vérité bouge quelquefois un peu, mais il ne s'écoule jamais, & souvent la colonne en est aussi ferme que celle qui varie dans les tubes des Thermomêtres.

(1) cette virole se soude aussi avec la gomme.

GRADUATION.

14. Je place l'Hygromêtre dans l'eau froide de maniere qu'il est submergé jusqu'à l'endroit du collet de la virole, & je l'y laisse jusqu'à ce que le mercure soit descendu & arrêté dans le tube, & à l'endroit où il est arrêté, je marque un point d'encre bien gommée, ou de couleur noire à l'huile (1).

---

lacque qu'on met en fusion sur l'endroit où elle doit être appliquée avant de l'y introduire.

(1) Si je trouve que ce point soit trop élevé dans le tube par rapport au reste de marche qu'il faut laisser au-dessus de lui, je le fais trouver plus bas, en ôtant du mercure; pour ôter du mercure, je presse légerement la plume entre deux doigts, le mercure monte & sort par l'extrêmité du tube, il cesse de sortir dès que je cesse de presser; je fais en sorte que ce point se trouve à un pouce & demi ou deux pouces au-dessus de la virole de cuivre; si au contraire je vois que le mercure descende trop, & qu'il soit prêt à s'enfoncer dans la plume, j'ajoute du mercure; pour cela, je fais un cornet avec une bandelette de papier que je roule autour de l'extrêmité supérieure du tube & que j'y attache avec un fil; j'y verse du mercure, je presse légérement la plume, le

15. Je le retire de cette eau [il eſt indifférent juſqu'ici à quel degré elle ſoit froide] & je le laiſſe dehors juſqu'à ce que le mercure ſe ſoit arrêté en remontant par le deſſéchement de la plume.

16. Quelque temps après, je remets l'Hygromêtre dans de la même eau froide pour en faire deſcendre le mercure comme dans la premiere expérience, & je marque un ſecond point à l'extrêmité de la colonne; celui-ci ſe trouve toujours plus bas que le premier.

17. Je répete cette expérience, c'eſt-à-dire, je fais paſſer l'inſtrument ſucceſſivement d'une extrême humidité à une ſéchereſſe quelconque, & de la ſéchereſſe à une extrême humidité, autant de fois qu'il eſt néceſſaire pour que j'obtienne deux ou trois fois de ſuite le même réſultat, c'eſt-à-dire, juſqu'à ce que le plus infé-

---

mercure monte, & en deſcendant, lorſque je ceſſe de preſſer, il attire une colonne de mercure d'une longueur égale à l'étendue du mouvement qu'il a fait lorſque je l'ai preſſé; après quoi je fais deſcendre cette colonne pour joindre l'autre au moyen d'un crin.

rieur des points que j'aurai marqué, soit deux ou trois fois de suite le même. Cela arrive ordinairement après la sixieme opération.

18. Ces opérations ne sont que préparatoires; voici les moyens de graduer l'Hygromêtre : je le mets dans de la glace fondante dans laquelle un bon Thermomêtre à mercure marque ce terme : l'extrêmité de la colonne du mercure de l'Hygromêtre baisse plus qu'elle n'avoit encore fait, & je place un point à l'endroit où elle s'est arrêtée.

19. Je sors l'instrument de la glace & le plonge immédiatement après dans de l'eau chaude où le Thermomêtre marque vingt-cinq degrés, il éprouve un changement par lequel le mercure monte rapidement à une certaine distance plus ou moins considérable, suivant les rapports & proportions des parties qui le composent, & je fais un autre point sur le tube à l'extrêmité de la colonne du mercure (1).

(1) Dans ces expériences il faut saisir pour marquer les points : dans la premiere, le mo-

20. Je prends la diſtance qui ſe trouve entre ces deux points, pour cinq degrés; je mets *zéro* à côté du point le plus bas, *cinq* à côté du point ſuivant, & j'éleve ainſi mon échelle de cinq degrés en cinq degrés, que je ſubdiviſe enſuite par unités, juſqu'à la hauteur de l'extrêmité du tube qui doit s'étendre à quatre-vingt degrés, & l'inſtrument eſt diſpoſé pour l'obſervation. Les raiſons qui me font prendre la diſtance qu'il y a du *maximum* humide froid au *maximum* humide chaud à vingt-cinq degrés pour cinq degrés, font inconteſtables, elles ſont fondées ſur une expérience que j'ai répétée plus de quarante fois, & qui prouve que, l'humidité à part, la chaleur ſeule fait monter le mercure dans l'Hygromêtre de cinq degrés pour vingt-cinq degrés dont le Ther-

---

ment où le mercure ayant ceſſé de deſcendre par la dilatation de la plume, commence à monter à cauſe du volume des globules d'eau qui paroiſſent entre la plume & le mercure; & dans l'autre, celui où ces mêmes globules commencent à faire élever un peu le mercure au-deſſus du point où il s'étoit arrêté par l'influence de la chaleur.

momêtre marque le même changement, c'est-à-dire, d'un degré par cinq (1).

---

(1) Voici cette expérience; je plonge mon Hygromêtre au moment où il sort de l'eau à la glace, & qu'il y indique le *maximum* humide à cet état de chaleur donné, dans de l'eau chaude dans laquelle le Thermomêtre marque vingt-cinq degrés; le mercure du premier monte, & lorsqu'il est fixe, je fais un point sur le tube à l'extrêmité de la colonne du mercure; je laisse l'instrument dans cette eau tandis qu'elle se refroidit: le Thermomêtre descend, l'Hygromêtre aussi; & lorsque le Thermomêtre est descendu au terme de vingt degrés, je fais un second point sur l'autre instrument. Je fais un troisieme point lorsque le Thermomêtre est à quinze degrés, un quatrieme lorsqu'il est à dix; & si je continue plus loin l'expérience, c'est-à-dire, si la saison permet que l'eau se refroidisse davantage, le sixieme point que j'aurois dû faire, se trouve à l'endroit qui a été marqué pour le *maximum* humide dans l'eau à la glace: or, chaque distance qui se trouve entre deux de ces points, est exactement un cinquieme de la distance qui se trouve du *maximum* pris dans la glace à celui que j'ai pris dans l'eau chaude à vingt-cinq degrés. En prenant pour cette expérience plusieurs distances différentes, le résultat a toujours été le même: quand j'ai pris de l'eau chaude à trente

21. Etant donc certain que la chaleur influe ſur la liqueur contenue dans l'Hygromêtre d'un degré, pour autant de fois que le Thermomêtre marque cinq degrés de chaleur, il eſt néceſſaire de tenir compte dans l'obſervation de ces degrés dont la chaleur influe ſur la dilatation du mercure. Cela eſt facile : lorſque j'ai obſervé les degrés de l'Hygromêtre, je vois ceux du Thermomêtre ; & autant que celui-ci marque de fois cinq degrés, autant je retranche de degrés à ceux qui ſont marqués par l'Hygromêtre. Par exemple,

---

degrés, chaque intervalle entre deux des points que j'avois marqués à tous les cinq degrés du refroidiſſement de l'eau, étoit un ſixieme de la diſtance ; il étoit un huitieme lorſque j'avois pris l'eau à quarante degrés ; & quand j'avois pris l'eau à cinquante degrés, je trouvois dix degrés dans l'intervalle qui étoit entre les deux points.

J'ai fait plus pour me convaincre de la certitude de cette expérience. J'ai gradué des Hygromêtres ſuivant tous ces différens degrés de chaleur, & lorſqu'ils ont été expoſés enſemble pour l'obſervation, ils ont tous rendus le même effet, c'eſt-à-dire, ils ſe ſont rencontrés en tous temps aux mêmes hauteurs.

ſoit l'Hygromêtre un jour d'Eté à ſoixante degrés, & le Thermomêtre à 20 ; dans 20 il y a 4 fois 5 ; qui de 60 ôte 4 laiſſe 56. L'influence ſeule de l'humidité, abſtraction faite de celle de la chaleur, tient l'Hygromêtre à 56 degrés; ce calcul eſt auſſi aiſé pour les parties de degrés (1).

22. Mais pour obſerver dans le temps froid, il faut une méthode différente ; le mercure ſe condenſe dans l'Hygromêtre comme dans le Thermomêtre par l'influence du froid, & cette condenſation ſe fait en la même proportion que la dilatation par l'influence du chaud ; ainſi tout conſiſte, lorſque le Thermomêtre indique au-deſſous de la glace, à lui com-

(1) Si le Thermomêtre eſt à 12 degrés $\frac{1}{2}$ de chaleur, ou 12 degrés $\frac{5}{10}$ & le Thermomêtre à 40 degrés $\frac{7}{10}$ je multiplie ainſi les degrés du Thermomêtre : 12 $\frac{1}{2}$ & 12 $\frac{1}{2}$ font 25 ; le premier chiffre de 25, eſt le nombre des degrés que j'ai à retrancher ; le ſecond celui des 10es. de degrés. Je retranche 2 degrés $\frac{5}{10}$ & il me reſte 38 $\frac{2}{10}$ qui marquent l'influence de l'humidité pure & ſimple ſur l'Hygromêtre.

parer l'Hygromêtre en raiſon inverſe de la comparaiſon qu'on en fait lorſque la chaleur étend la colonne du mercure au-deſſus de la glace : j'ajoute ſimplement aux degrés marqués par l'Hygromêtre autant de degrés qu'il y a de fois 5 degrés de congélation marqués par le Thermomêtre. Si par exemple, celui-ci eſt à 15 degrés de congélation, & l'autre à 30 : dans 15 il y a trois fois 5, j'ajoute aux degrés de l'Hygromêtre 3 degrés, dont le froid a fait condenſer le mercure qu'il contient. (1).

---

(1) Je ne me ſuis pas occupé à raiſonner ſur la condenſation du mercure dans l'Hygromêtre, par l'influence du froid, comme on la remarque dans le Thermomêtre : j'ai mieux aimé me la démontrer par des faits ; on verra ſans doute avec plaiſir quelques-unes de mes expériences ſur ce ſujet :

Ayant d'abord placé un Hygromêtre & un Thermomêtre dans de l'eau pure expoſée au Nord, dans un temps froid, le mercure s'eſt porté effectivement au bas du point de la glace dans les deux inſtrumens ; mais bientôt la compreſſion de la ſuperficie de l'eau qui ſe changeoit en glace a

23. Lorsque le Thermomètre est au point de la glace, il est au terme reçu

---

rétrécit la plume & fait élever le mercure du premier.

Ne pouvant réussir par le froid naturel, j'employai le froid artificiel ; je plaçai un Hygromètre exact, que j'avois fait descendre à son *zéro*, par le moyen de la glace fondante, dans un mêlange de glace & de sel marin, où le Thermomètre étoit à douze degrés de condensation. Mais le mercure au lieu de baisser davantage, s'éleva au contraire & s'arrêta au terme de six degrés où l'auroit fait élever l'eau chaude à trente degrés ; & quand je retirai cet instrument du mêlange, le mercure descendit insensiblement & s'arrêta à *zéro*, où il étoit avant cette expérience.

Il me vint en pensée que cette élévation surprenante du mercure dans l'Hygromètre, étoit l'effet de l'adstriction du sel sur la plume ; mais je fus bientôt obligé de reconnoître que cette élévation procédoit de la congélation des globules d'eau qui occupoient les pores de la plume, lesquels, en se dilatant, faisoient une compression sur le mercure ; tout le monde sait que l'eau se dilate en se glaçant au point de distendre les vases qui la contiennent, & de rompre avec fracas ceux qui lui résistent.

pour le milieu de la dilatation & de la condenſation du mercure, & comme ce

---

Pour éviter cet inconvénient, je plongeai mon inſtrument dans le mêlange de ſel & de glace après l'avoir placé dans un cylindre de verre fermé inférieurement & au travers duquel il pouvoit reſſentir l'impreſſion du froid, ſans être touché des mêlanges, mais il arrivoit la même choſe que dans l'expérience précédente.

Enfin je ne pus réuſſir qu'au moyen de l'expédient ſuivant : je coupai mon cylindre de verre, de maniere qu'il ne ſervit qu'à envelopper la plume de l'Hygromêtre ; je le remplis d'eau froide ; j'y plaçai cette plume lorſque le mercure de l'inſtrument étoit au point de la glace, & je plongeai l'un & l'autre dans le mêlange ; le Thermomêtre marquoit alors dans ce mêlange, dix degrés de condenſation, le mercure de l'Hygromêtre baiſſa de l'étendue d'un degré dans l'eſpace d'une minute ; je retirai l'inſtrument du cylindre, & j'en changeai promptement l'eau avant qu'elle fut glacée ; & peu de temps après le mercure étoit plus bas de deux degrés. Je réiterai ce changement pluſieurs fois de ſuite ; mais je ne pus faire deſcendre davantage le mercure.

Je m'aſſurai du réſultat de cette expérience en la répétant, & j'y en ajoutai une nouvelle qui eſt déciſive : ayant placé un Hygromêtre ſec,

minéral n'eſt ſenſé ni dilaté, ni condenſé, il n'y a rien ni à retrancher ni à ajouter aux degrés marqués par l'Hygromêtre, & l'on meſure la ſéchereſſe & l'humidité par le nombre de ſes degrés pleins.

24. Quoique j'aie donné plus haut, comme une choſe néceſſaire de ſe ſervir de la glace fondante pour procurer à l'Hygromêtre le *maximum* humide froid, l'expérience m'a convaincu que la graduation peut s'en faire auſſi exactement par le moyen de l'eau commune; ce qui applanit une grande difficulté, qui eſt celle d'avoir de la glace dans les ſaiſons où il n'y en a pas, lorſqu'on habite loin des Villes dans leſquelles on a coutume d'en conſerver; alors on prend de l'eau froide à un degré quelconque, pourvu qu'il ſoit cer-

---

enveloppé du cylindre, dans un mêlange de ſel & de glace qui tenoit le Thermomêtre à dix degrés de condenſation, il deſcendit également de deux degrés, & me prouva par conſéquent, que le mercure ſe condenſe dans l'Hygromêtre par l'influence du froid en la même proportion qu'il s'y dilate par celle de la chaleur.

tain, à cinq degrés au-dessus de la glace, ou à dix, selon la saison, & on tient compte des degrés dont l'eau est plus chaude que la glace. Par exemple, si je veux graduer des Hygromêtres, lorsque la saison ne permet pas à l'eau d'être plus froide que 12 $\frac{1}{2}$ degrés, je prends là le *maximum* humide froid, & ensuite le *maximum* humide chaud à vingt-cinq degrés, comme ci-devant; mais au lieu de compter l'intervalle qui sépare ces deux points pour cinq degrés, je ne le compte que pour 2 $\frac{1}{2}$ degrés; j'en leve la dimension avec un compas très-exact; je garnis une de ses branches de couleur noire, & je répete cette dimension au-dessous; 2 $\frac{1}{2}$ & 2 $\frac{1}{2}$ font cinq; le troisieme point qui a été marqué par la branche inférieure du compas, indique le *maximum* froid aussi certainement que s'il avoit été pris dans de la glace fondante; & j'ai également cinq degrés de distancee entre ce *maximum* & celui de l'humide chaud. Si j'ai pris l'eau froide à dix degrés au-dessus de la glace, je n'ajoute que $\frac{2}{5}$ au-dessous; & qu'un seul si j'ai pris l'eau à cinq degrés de chaleur.

25. Après avoir dit que je mettois *zéro*, qui signifie point de sécheresse, à l'endroit de l'échelle qui montre l'extrême humidité de la glace fondante, & tous les points au-dessus du *zéro* étant les marques de l'augmentation de la sécheresse ou de la diminution de l'humidité, je demande s'il ne seroit pas possible de faire une distinction des degrés de la sécheresse d'avec ceux de l'humidité, comme M. *Réaumur* a distingué les degrés du chaud d'avec ceux du froid sur l'échelle du Thermomêtre qu'il a perfectionné. Ce Physicien, pour donner à l'échelle du Thermomêtre la forme par le moyen de laquelle on distingue les degrés de chaleur d'avec ceux du froid, est convenu d'un terme moyen, qu'il fixe à l'endroit où se trouve la liqueur du Thermomêtre, quand le froid fait gêler l'eau commune; il ne faut donc que fixer un *medium* semblable sur l'échelle de l'Hygromêtre pour lui donner la même forme : or ce *medium* se présente de lui-même : c'est le terme moyen entre la plus grande sécheresse & la plus grande humidité; c'est le quaran-

tieme degré de notre échelle ordinaire. De ſorte qu'en mettant *zéro* à l'endroit où j'ai mis quarante, on auroit au bas du *zéro*, les degrés d'humidité, & au-deſſus, ceux de la ſéchereſſe, comme M. Réaumur a ceux du chaud & du froid ſur l'échelle de ſon Thermomêtre, & on ſuivroit la même méthode que j'ai dit ci-devant (*21 & ſuiv.*) pour la défalcation.

26. La FIGURE 5e. de la planche, repréſente mon Hygromêtre, dont toutes les pieces, ſont auſſi-bien que celles des autres figures, la moitié de la grandeur naturelle de celles que j'ai données pour modele. La FIGURE 6 eſt une eſpece de parapluie de fer blanc, qui doit être attaché horizontalement au-deſſus de la virole de cuivre, & qui peut ſe tenir levé ou baiſſé ſuivant le temps, au moyen d'une charniere qui eſt à $\frac{1}{4}$ de pouce de la planche. La FIGURE 7 eſt celle d'un des Hygromêtres auquel j'ai donné la forme d'une équerre, afin de pouvoir le placer horizontalement pour l'obſervation; mon deſſein, en le conſtruiſant ainſi, a été de juger de quelle conſéquence pourroît être

la

la pesanteur de la colonne perpendiculaire du mercure dans le tube vertical, par laquelle j'avois craint, mais sans raison, que la plume fut excitée à une plus grande dilatation. Cet instrument est entre les mains du Pere Cotte.

COMPARABILITÉ.

27. Mes Hygromètres qui ont été tous construits séparément, gradués en différens temps & différens lieux, & composés de parties différentes entr'elles par leur grandeur & leurs autres proportions, n'ont offert aucune autre différence, quant à leur marche, que celle d'un ou de quelques degrés, quoique la distance des lieux où ils ont été observés, soit en quelque façon considérable, je dis quant à leur marche, parce que quant au rapport littéral de leurs degrés, il se trouve toujours entr'eux une différence relative à la constitution plus séche ou plus humide des lieux où ils sont exposés, telle que celle des Baromètres placés en des endroits différens par rapport à l'élévation du sol. J'en appelle là-dessus au jugement des Savans auxquels je les

ai communiqués, & qui en font usage, entr'autres à celui du Pere *Cotte*, qui observe à Montmorenci par ordre du Roi, qui a commencé au mois de Février 1778 à ajouter à ses observations ordinaires, celles qu'il a faites sur les Hygromêtres que je lui ai donnés, & qui les a publiées dans le Journal des Savans du mois de Juin suivant; M. *Chaussier* de l'Académie de Dijon qui a fait avec mon frere, Avocat au Parlement de cette Ville, des instrumens conformes aux miens, dont il a été fait mention le 15 d'Août, dans la séance publique de cette Compagnie dont j'ai l'honneur d'être correspondant, & M. *Buissart*, de l'Académie d'Arras, qui a rendu particuliérement un témoignage authentique de la supériorité des Hygromêtres que je lui ai donnés sur tous les autres Hygromêtres connus, par la chaleur qui l'a peut-être emporté un peu trop loin, dont il a caractérisé son désir d'en être l'Auteur (1).

(1) Il m'importe de rapporter ce qui s'est passé à ce sujet : j'avois inventé mon Hygromêtre en 1776; en 1777, il étoit entre les mains de plusieurs Physiciens distingués; un de ces Physiciens, le

M. *Goubert*, Artiste de la Société Royale de Médecine, a suivi mes instructions pour

---

Pere *Cotte*, avoit rendu compte dans le Journal des Savans du mois de Juin 1778, des observations qu'il avoit faites pendant six mois sur deux de ces instrumens, & y avoit ajouté une esquisse des principes de leur construction & de leur graduation, tirée du Mémoire que je lui avois envoyé en même temps; & au mois de Mai 1779, M. B. commença à réclamer contre mon invention, dans le N°. 11 des nouvelles de la République des Lettres & des Arts, & allégua, dans le N°. 21 des Affiches de Picardie, qu'il avoit envoyé le même instrument en 1773, pour concourir devant l'Académie d'Amiens au prix proposé sur ce sujet, & qui fut décerné à M. *de Luc*.

Il me suffisoit, pour détromper M. B. & rétablir aux yeux du Public l'empire de la vérité, de faire connoître la différence qu'il y a entre mon Hygromêtre & celui de mon Compétiteur : » celui-ci est composé (*nouvelles de la République » des Lettres*) de trois ou quatre brins de barbe » de seigle réunis en un faisceau, à une extrêmité » duquel est attachée par son milieu, une petite » lame de cuivre qui tourne selon que ces brins » se tordent & se détordent par l'humidité & la » sécheresse, & qui indique des degrés sur une » espece de cadran au milieu duquel l'autre extrê- » mité du faisceau est attachée; *voyez* l'Hygrol'exécution de cet instrument, avec un tel succès qu'il l'a exposé chez M. *de la Blan-*

» mêtre du Pere *Emmanuel Magnan*, décrit à la » page 6, tome 2 du *Traité de la baguette divi-* » *natoire* «. Cet instrument ne ressembloit donc en rien à celui que je viens de décrire; cependant M. B. répéta (N°. 16 des nouvelles de la République des Lettres) *qu'il étoit l'inventeur de mon Hygromètre, qu'il m'avoit donné les principes concernant sa construction, & que j'avois passé une déclaration formelle qu'il en étoit l'inventeur.* Ces assertions se détruisent d'elles-mêmes.

M. B. m'avoit fait l'histoire de l'Hygromètre du Pere Magnan qu'il avoit imité & envoyé au concours de l'Académie d'Amiens; il avoit joint à cela la complaisance de me parler de l'Hygromètre auquel cette Compagnie avoit donné la préférence sur celui-là, & ensuite de me prêter le Mémoire imprimé de son Auteur; c'est donc dans l'ouvrage de M. de Luc, sur son Hygromètre, que j'ai trouvé la nouvelle méthode de construire le mien, & non pas dans les leçons de M. B. qui venoit au contraire fréquemment chez moi dans le temps que je travaillois à perfectionner l'Hygromètre de M. de Luc, pour être témoin des changemens utiles que j'y faisois; en effet M. de Luc y a parlé de substituer une plume à écrire à son cylindre d'ivoire; voilà tout ce

cherie, Agent général de correſpondance pour les ſciences & les arts, aux applau-

---

qu'il y a de neuf dans mon Hygromêtre relativement à la *conſtruction* ; où ſeroient donc les principes que M. B. m'auroit donnés là-deſſus ?

Auſſi ſi mon Hygromêtre peut avoir le mérite d'une invention ; ce n'eſt que par ſa *graduation*, dont j'ai ſi peu caché la méthode à M. B. qu'il en fit imprimer une eſquiſſe dans les affiches de Picardie du 16 Mai 1778, c'eſt-à-dire, plus d'un an après que je lui en eus fait connoître tous les détails, auſſi-bien qu'à pluſieurs autres phyſiciens, & que ce Traité étoit ſous les yeux de l'Académie Royale des ſciences ; mais j'étois bien éloigné de regarder cette Epitre de M. B. comme le prélude de la prétention qu'il a établie depuis.

C'eſt pourquoi quand j'eus beſoin de donner, dans mes réſultats d'obſervations météorologiques, une idée de mon Hygromêtre, je dis : *la ſechereſſe fût marquée par l'élévation de ſoixante-quatre dégrés d'un Hygromêtre comparable d'une nouvelle invention*, mais non pas de l'invention de M. B. qu'il m'auroit fallu dire pour paſſer la *déclaration formelle* qu'il ſuppoſe que j'ai faite. Ces mots ſuivans de mes réſultats : *voyez la lettre de M. B.* du 16 Mai 1778, par leſquels je me diſpenſois de faire une longue répétition de ce que M. B. avoit dit dans cette lettre, ne ſignifioient autre choſe,

dissemens de l'assemblée du 21 Juillet ; (*nouvelles de la République des Lettres & des*

---

sinon : voyez la description que M. B. a esquissée des Hygromêtres que je lui ai donnés, (& qu'il a encore) qui ont mérité son suffrage, & qu'il peut avoir imités.

Cette contestation a été portée devant l'Académie Royale des Sciences ; mais MM. les Commissaires de cette Compagnie n'ont pas cru devoir s'en occuper, *parce que*, ont-ils dit, *l'idée appartient à M. de Luc, & les Contendans n'ont fait que substituer un tuyau de plume au tuyau d'ivoire.* Il est cependant certain qu'il y a de mon Hygromêtre à celui de M. de Luc une différence infiniment plus grande & plus avantageuse à l'instrument, que celle qui a fait préférer le Thermomêtre de M. Réaumur à ceux de MM. Fahrenheit, de Lille, &c. Ils ont ajouté *que l'Académie ne pouvoit en approuver la construction, attendu que le mercure se sépare dans le tube ;* je n'ai jamais vu cet accident arrivé à aucun de mes Hygromêtres, ni de ceux de M. de Luc ; il procede sans doute de quelque cause étrangere à la construction de cet instrument, & qui doit être relative, soit au transport qu'on a fait d'ici à Paris de ceux dont l'examen a motivé le rapport de MM. les Commissaires, soit de l'oubli de défendre leurs ouvertures contre l'entrée de l'eau

Arts, *N°*. 24.) Il en débite un grand nombre, & il en a déjà fait des envois à des Physiciens de Lyon, de Poitiers, &c. qui en ont été satisfaits.

---

de la pluie ou des grands brouillards, laquelle aura rouillé le mercure à l'extrêmité de sa colonne, l'aura fait s'attacher au verre & aura intercepté la continuité de cette colonne après qu'elle se sera élevée au-dessus de l'endroit occupé par la rouille. Cela arrive souvent, par cette raison, aux Thermomêtres à mercure qu'on ne ferme plus, & dont l'Académie a cependant approuvé la construction ; cela arrive par d'autres raisons également accidentelles aux Baromêtres, sans que les Physiciens rejettent pour cela ni l'un ni l'autre de ces instrumens.

RÉSULTAT

DES OBSERVATIONS HYGROMÊTRIQUES.

PREMIERE TABLE,

Ou l'on rapporte les plus grandes, les moindres & les moyennes élévations de l'Hygromêtre observé à Arras, pendant les années 1776, 1777 & 1778, déduction faite des degrés thermomètriques

Années & Mois.	*Plus grand. Élévations.*		*Moindres Élévations.*		*Élévations Moyennes.*	
	Deg.	10es.	Deg.	10es.	Deg.	10es.
1776.						
Avril. . .	67	2	20	7	44	4
Mai . . .	68	4	13	0	40	9
Juin . . .	61	5	19	5	40	5
Juillet . .	58	4	16	6	32	5
Août. . .	67	9	24	2	41	0
Septemb..	64	2	12	8	38	5
Octobre..	51	7	11	8	31	7
Novemb.	51	4	2	4	26	9
Décemb..	36	4	7	8	22	1
1777.						
Janvier. .	31	0	7	0	19	0
Février. .	43	0	9	0	26	0
Mars. . .	57	7	12	0	34	1
Avril. . .	63	1	14	9	39	0
Mai . . .	64	0	16	0	40	0
Juin . . .	65	0	15	0	40	0
Juillet . .	57	4	18	0	37	9
Août. . .	67	5	16	4	42	3
Septemb..	66	7	16	6	41	8
Octobre .	63	6	10	0	37	1
Novemb.	39	9	13	8	27	2
Décemb..	33	0	7	0	20	0
1778.						
Janvier. .	46	2	5	0	25	6
Février. .	39	4	4	0	21	7
Mars. . .	51	0	3	2	27	1
Avril. . .	65	5	7	5	36	5
Mai . . .	59	4	10	0	34	7
Juin . . .	63	0	25	4	44	2
Juillet . .	68	6	12	5	40	6
Août. . .	62	6	20	3	41	2
Septemb..	55	0	12	4	33	9
Octobre .	43	4	9	3	26	3
Novemb.	50	2	8	0	19	1
Décemb..	23	6	6	0	15	1

TABLE

Des mêmes Observations faites à Montmorency, par le Pere Cotte, pendant l'année 1778.

Plus grandes élévat.		*Moindres élévations*		*Élévations moyennes.*	
Deg.	10es.	Deg.	10es.	Deg.	10es.
40	7	4	3	19	6
66	2	6	0	30	0
62	3	15	0	40	4
62	0	7	3	38	5
59	6	24	3	43	2
59	5	11	6	39	4
69	5	22	4	47	7
66	6	12	8	38	0
45	5	3	2	23	3
37	8	2	6	17	1
32	3	8	4	16	9

DEUXIEME TABLE

Ou l'on détermine, d'après le contenu de la Table précédente, l'État moyen de l'humidité de chacune de ces années.

1776.		1777.		1778. Arras.		1778. Montmorency.	
Plus grandes Élévations.							
Deg.	10$^{es.}$	Deg.	10$^{es.}$	Deg.	10$^{es.}$	Deg.	10$^{es.}$
52	4	49	2	46	1	47	7
Moindres Élévations.							
13	3	11	8	14	3	16	9
Élévations moyennes.							
32	8 $\frac{1}{2}$	30	5	30	2	32	3

29. On voit par la premiere de ces Tables, que dans chaque année l'Hygromêtre est d'abord bas au commencement, qu'il s'éleve peu à peu à mesure que l'année s'avance, & que la saison devient favorable

à la végétation, qu'il eſt le plus élevé pendant le temps de la maturité des fruits, & qu'il décline inſenſiblement après la récolte; & dans la ſeconde, que quelque ſoit la différence qui regne parmi les hauteurs de cet inſtrument, ſa hauteur moyenne réſumée des hauteurs extrêmes de toute l'année, eſt toujours déterminée par un terme qui ne varie pas dans l'eſpace de plus de deux à trois degrés.

30. Je remarque de plus dans le Journal de mes obſervations, 1°. que cet inſtrument varie pendant les Etés où la conſtitution de l'atmoſphere n'a rien d'extraordinaire, du terme moyen de ſoixante degrés où il monte dans les après-midi, à celui de quarante, dans le voiſinage duquel on le trouve les matins avant le lever du Soleil; 2°. qu'au Printemps, & dans les plus belles parties de l'Automne, lorſqu'aucun météore particulier ne domine dans la conſtitution, il s'éleve les après-midi aux environs du cinquantieme degré, & les matins aux environs du trentieme; 3°. qu'en Hiver & dans les parties de l'Automne & du Printemps qui partici-

pent à la rigueur de cette saison, sa marche a rarement plus d'étendue que de dix à vingt degrés (1).

31. L'élévation de l'Hygromêtre qui a montré *la plus grande sécheresse* depuis que je l'observe, a été de 68 degrés $\frac{1}{2}$, défalca-

---

(1) Il y a des cas particuliers où l'Hygromêtre s'éloigne des stations que je viens de lui déterminer pour chaque saison; par exemple, l'observation de cet instrument dans l'intervalle du 25 au 28 Janvier 1778, présente une exception sensible à la regle de ses hauteurs moyennes pendant l'Hiver: le temps avoit été si pluvieux du 14 au 25, qu'il étoit tombé trente-deux lignes d'eau en pluie, & l'Hygromêtre étoit à sept degrés le soir du 25; il gela dans la nuit suivante; le Thermomêtre se trouva tout à coup le lendemain à trois degrés de condensation, le ciel étant serein, & le vent Nord ou Nord-Ouest de la plus grande force: cette constitution dura trois jours, & fit élever l'Hygromêtre jusqu'à quarante-six degrés. Je pense qu'on doit s'attendre à observer de même une hauteur extraordinaire de l'Hygromêtre en Hiver, toutes les fois qu'il s'élevera subitement un vent propre à entraîner ou à condenser les vapeurs de l'atmosphere, & à garantir par-là cet instrument de leur attouchement.

tion faite, le 5 de Juillet 1778 à 4 heures ½ du soir, lorsque le vent étoit Sud-Est, foible, que le Thermomêtre marquoit 26 degrés ½ de dilatation, le Baromêtre 27 pouces 11 lignes; que le temps étoit chargé de matiere électrique, & peu de minutes avant un orage considérable, des éclairs, du tonnerre, & la chute rapide de quatre lignes d'eau en pluie. La sécheresse du 29 Mai 1776, à trois heures après-midi, avoit été de 68 degrés, par un temps orageux qui régnoit depuis peu de jours, le Thermomêtre étant à dix-neuf degrés de dilatation, le Baromêtre à vingt-huit pouces, & n'y ayant aucun souffle de vent. Il ne fit pas plus sec pendant l'Eté de la même année. La plus grande sécheresse de 1777 eût lieu dans les mois de l'Eté, excepté Juillet, où des pluies prodigieuses ne permirent pas à l'Hygromêtre de s'élever au-dessus de 57 degrés ½; mais il parvint à soixante-sept degrés ½ le 8 Août, lorsque la chaleur étoit de vingt degrés, la pesanteur de l'atmosphere de vingt-sept pouces dix lignes, & la veille d'un gros orage.

32. *La plus grande humidité* a été exprimée par l'abaiſſement de l'Hygromêtre à deux degrés quatre 10es. (c'eſt-à-dire que la plume s'en eſt preſqu'autant dilatée que s'il eût été placé dans la glace fondante aſſez long-temps pour être abſolument ſubmergé) le 9 de Novembre 1776 à dix heures du ſoir, lorſque le vent d'Oueſt régnoit depuis pluſieurs jours, & que le Thermomêtre étoit à cinq degrés de dilatation, le Baromêtre à vingt-ſept pouces onze lignes, & que le ciel étoit obſcurci par un brouillard impénétrable à la vue. Cet inſtrument s'eſt abaiſſé deux fois en 1777 à ſept degrés, le matin du 12 Janvier, & le 15 Décembre à ſept heures du ſoir, par de grands brouillards, le Thermomêtre étant toujours à quatre ou cinq degrés au-deſſus de la glace; & en 1778 à trois degrés deux 10es. dans la nuit du 15 au 16 Mars pendant la même conſtitution.

33. Je vais parler de l'influence des autres météores ſur la ſéchereſſe & l'humidité de l'atmoſphere; mais je dois faire remarquer auparavant, 1°. qu'il n'y a

de différence entre mes obſervations & celles que le Pere *Cotte* a faites à Montmorency ſur mes Hygromêtres, que celle de quelques degrés dont ils ſe trouvent plus élevés dans ce dernier climat, comme on peut le voir dans les 5e. 6e. & 7e. colonnes de la premiere Table, & dans la derniere colonne de la ſeconde; 2°. que les jours où M. Cotte a obſervé les plus grandes & les moindres élévations de l'Hygromêtre dans chaque mois, ne ſont pas ceux où j'ai vu cet inſtrument aux mêmes termes; 3°. que la ſécchereſſe moyenne du climat de Montmorency paroît juſqu'à préſent plus grande de deux degrés un 10e, que celle du climat d'Arras. Il eſt naturel de croire que *l'état moyen de ſéchereſſe* différe ainſi dans chaque climat, & qu'il eſt réſervé aux Hygromêtres de déterminer l'étendue de cette différence; ce qui ſera d'une grande utilité pour les cultivateurs des ſciences & ſur-tout de la Médecine & de l'Agriculture.

REMARQUES

TIRÉES DES OBSERVATIONS

HYGROMÉTRIQUES,

Pour servir à faire connoître l'influence des différens météores sur la sécheresse & l'humidité de l'atmosphere.

34. TOut le monde sait que l'Hygromêtre est un instrument destiné à mesurer la quantité des vapeurs répandues dans l'atmosphere, &, ce qu'il importe sur-tout de savoir, de combien ces vapeurs augmentent ou diminuent d'un temps à un autre; la quantité de ces vapeurs dépend du concours des autres propriétés de l'air, ou de la présence des météores qui influent sur celle des vapeurs. Il y a des météores ignés, aériens & aqueux; les uns & les autres exercent continuellement sur les corps exposés à l'air libre, des actions dont les effets sont toujours co-relatifs entr'eux; c'est ce qui a si fort mul-

tiplié les travaux des Physiciens dans la partie Météorologique, & les difficultés dans la construction des instrumens avec lesquels on mesure ces effets. Par exemple, les Baromêtres dont la partie agissante est le mercure, & qui montrent la pesanteur de l'atmosphere, sont aussi susceptibles des impressions de la chaleur & de la froideur, qui en dilatant ou condensant ce minéral, en font trouver la colonne plus étendue ou plus resserrée, que si elle n'eût obéi qu'au poids de l'air.

35. Le chaud & le froid agissent de même sur le mercure dont l'Hygromêtre est composé; on a vu ci-devant combien cela a augmenté le travail qu'exigeoit la graduation de cet instrument; mais, abstraction faite de l'étendue dont la colonne du mercure s'allonge par l'effet de la chaleur, on remarque encore que l'Hygromêtre est sujet à l'influence des *météores ignés*; de sorte qu'à supposer que le chaud ne dilatât point le mercure, & que le froid ne le condensât point dans l'Hygromêtre, cet instrument seroit toujours plus élevé pendant les saisons, les mois, les jours &

aux

aux heures auxquelles on obſerve la plus grande élévation du mercure dans le Thermomètre, & *vice verſâ.*

36. Les *météores aériens* ont de même que les météores ignés, une influence active & paſſive ſur l'élévation de l'Hygromètre; on ſait que les vents ne ſont autre choſe que l'atmoſphere ou une partie de l'atmoſphere miſe en mouvement par différentes cauſes & ſuivant différentes directions. Tous les vents ſont ſecs de leur nature, ils ne deviennent humides que par le mêlange des vapeurs à l'air qui les compoſe; de-là vient qu'il y a des vents ſecs & des vents humides; *l'Oueſt* qui eſt le plus humide de tous les vents, eſt auſſi celui qui procure les plus grands abaiſſemens de l'Hygromètre, les bouffées de l'*Eſt* ſont les époques des plus grandes élévations de cet inſtrument. Les vents influent ſur les corps, non-ſeulement par leur direction, mais encore par leur degré de force; & l'effet de cette ſeconde influence, eſt contraire à ce qu'on a coutume de penſer à ce ſujet : on a tort de croire que les grands vents ſont plus deſ-

féchans, & les vents foibles moins; toutes chofes étant égales relativement à la nature des vents & à l'influence des autres propriétés de l'atmofphere, l'Hygromêtre eft moins élevé lorfque les vents foufflent avec violence, que quand l'air n'éprouve aucune efpece d'agitation; la plus grande fécherefle de l'air a lieu dans les temps *calmes*; je me fuis convaincu de ce phénomene par un grand nombre de comparaifons faites attentivement dans des temps où la force des vents faifoit la feule différence dans les circonftances météorologiques.

37. Les Phyficiens tireront de l'obfervation des Hygromêtres plufieurs autres découvertes intérefſantes d'après lefquelles ils feront obligés de réformer bien des opinions reçues : ce n'eft pas lorfque le ciel eft fans nuages que le mercure eft le plus élevé dans l'Hygromêtre, quoiqu'on ait coutume de penfer que cette conftitution eft l'époque de la plus grande fécherefle. Les époques de la plus *grande élévation de l'Hygromêtre*, font celles où le ciel fe charge de nuages deftinés à former des orages, (*Conf.* 31.) la très-grande hau-

teur de cet instrument les fait infailliblement prédire.

38. Le temps de la pluie qui passe aux yeux de tout le monde, pour l'époque de la plus grande influence des vapeurs aqueuses, n'est pas non plus la cause du plus grand abaissement de l'Hygromêtre; les temps couverts qui précédent les pluies, ou qui succédent aux grandes pluies, dépriment plus le mercure dans cet instrument que les pluies elles-mêmes; plus le temps couvert est de longue durée, plus l'Hygromêtre baisse; les nuages qui se répandent dans l'atmosphere, sont communément les agens des abaissemens de cet instrument, selon qu'ils l'approchent ou qu'ils l'enveloppent en leur passage, ou qu'il se répandent près de lui; il se releve quelquefois aussi-tôt après la chûte de la pluie, à moins que l'exhalaison de l'humidité qui monte alors de la terre, ne soit retenue fort long-temps dans son voisinage par le défaut de vent (1).

(1) Cette proposition que le temps de la pluie n'est pas celui pendant lequel l'Hygromêtre mar-

39. Enfin les *brouillards* sont le météore par le moyen duquel les Hygromètres

---

que la plus grande humidité de l'atmosphere est parfaitement démontrée par l'exemple suivant :

Le mois de Mai 1776, paroît avoir été très-humide. Si l'on s'en rapporte à la quantité de pluie qui est tombée pendant son cours, & aux conséquences que l'on a coutume de tirer des observations météorologiques ordinaires, je mets ces observations en parallele avec celles du mois d'Avril suivant : on a vu dans le mois de Mai que le mercure étoit descendu dans le Baromêtre jusqu'à vingt-sept pouces deux lignes ; la moindre élévation du Baromêtre dans le mois d'Avril n'a été que de vingt-sept pouces sept lignes. Le degré moyen de la chaleur des jours du mois de Mai n'a été que de quelques dixiemes plus élevé que le degré moyen de chaleur des jours du mois d'Avril ; ces deux mois ont eu pour vent dominant le *Nord* ; en Avril, il y a eu neuf jours de temps serein ; en Mai il n'y en a eu qu'un seul jour ; la pluie est tombée pendant dix jours dans le premier, & presque tous les jours dans le second ; la quantité d'eau provenue de la pluie pendant le mois d'Avril, a été de 14 lignes $\frac{1}{2}$, & celle qui est tombée pendant le mois de Mai a fourni 30 lig. $\frac{3}{4}$ d'eau. La somme totale des degrés que l'Hygromètre a marqués deux fois par jour pendant le mois d'Avril, a

éprouvent leur plus *grand abaissement*; ils sont plus bas lorsque les brouillards sont plus épais, que lorsqu'ils le sont moins; lorsqu'ils sont près des instrumens, que lorsqu'ils en sont éloignés, lorsqu'ils durent depuis long-temps, que lorsqu'ils sont promptement dissipés. Le temps où l'Hygromêtre est le plus bas, est celui où il regne un brouillard considérable, & où la partie supérieure en tombe en petite pluie qui remonte promptement en de nouvelles vapeurs. Telle fut la constitution du 9 Novembre 1779. (*Conf.* 32.) Au reste, diverses circonstances particulieres peuvent faire changer les conséquences que

---

été. . . . . 2507 *degrés*.

La même somme pendant trente jours du mois de Mai, parce que l'autre n'a que trente jours, a été. 2482

D'où il résulte que le mois de Mai n'a été plus humide que le mois d'Avril, que de. 25

Quoique les autres instrumens de Météorologie ayent présenté dans le premier des signes d'une humidité beaucoup plus considérable & que la quantité de pluie ait été double pendant son cours.

je viens d'expoſer, ſans que les raiſons qui me les ont fait adopter ceſſent d'être concluantes.

40. J'ai remis pour la fin de ce Traité à parler d'une autre cauſe de l'abaiſſement de l'Hygromêtre qui n'eſt point du nombre des météores; je veux dire les vapeurs que la terre tranſpire. (*Voyez l'ouvrage précédent*, §. 99.) Les Phyſiciens meſurent l'évaporation en expoſant à l'air libre un vaſe plein d'eau, dans lequel ils voyent la quantité dont le volume de cette eau eſt diminuée; par cette obſervation combinée avec celle de la quantité de pluie qui tombe, on détermine dans lequel de deux temps donnés, l'air a attiré à lui une plus grande quantité de vapeurs que celle des eaux qui ſont tombées. Lorſque l'évaporation ſurpaſſe la quantité de pluie, le temps a été ſec; il a été au contraire humide quand la quantité d'eau tombée en pluie, excéde la quantité d'eau évaporée de l'inſtrument. Cette eſpece d'*Hygroſcope* eſt aſſez ſûre; mais il n'eſt point comparable, parce que l'eau qui s'évapore dans l'inſtrument eſt toujours ſuperficielle

à la terre, toujours prête à obéir à l'attraction de la chaleur. Il eſt poſſible que ce moyen rapporte la ſomme des degrés de l'évaporation des eaux des étangs, des lacs, des grandes rivieres & de la mer; mais pour l'évaporation qui ſe fait des entrailles de la terre, il n'y faut pas compter. Il y a mille obſtacles à l'évaporation ou tranſpiration de la terre, qui ne s'oppoſent pas à celle de l'eau contenue dans l'inſtrument, & qui arrêtent les vapeurs ſur la ſuperficie de la terre, au moment où elle en ſort; telles ſont les plantes, les pierres, les ſables, une croute dure qui l'enveloppe pendant la ſéchereſſe, & s'oppoſe à ſes exhalaiſons, dans le temps préciſément que l'eau contenue dans l'inſtrument expoſé pour l'évaporation, s'exhale en plus grande abondance. Pour meſurer exactement la quantité des humeurs évaporées de la terre, il ſeroit ſans doute néceſſaire de tenir compte de ces obſtacles que les vapeurs qui s'élevent des eaux ne rencontrent pas.

L'Hygromêtre que j'ai propoſé, tient lieu de l'inſtrument avec lequel on meſure l'évaporation, puiſqu'il indique toute ſorte d'humidité répandue dans l'atmoſphere, quelqu'en ſoit la cauſe ou l'origine ; par ſon moyen on peut meſurer comparablement l'évaporation ſéparée d'avec toutes autres vapeurs répandues dans l'atmoſphere ; il ne s'agit que de le placer au-deſſus des ſubſtances dont on veut meſurer l'évaporation, comme une nappe d'eau, de neige, un terrain particulier & toute autre ſubſtance, de maniere qu'elle ſoit inacceſſible aux vapeurs de l'atmoſphere, & que le renouvellement de l'air qui lui ſervira d'ambiant, ne puiſſe emporter celles qu'il doit meſurer.

Pour cela j'ai composé un inſtrument d'un Hygromêtre & d'une cloche de verre renverſée, de deux ou trois pouces de diamêtre, de la même hauteur, & percée dans le milieu de ſon fond. L'Hygromêtre y eſt placé, le tube en ſort par l'ouverture du fond, à laquelle il eſt ſoudé à l'endroit de la virole. Il y a à côté un autre petit trou pour l'iſſue de l'humeur qui a marqué ſon influence ſur la plume, & l'échelle eſt tracée le long du tube hors de la chaſſe.

Cet inſtrument eſt celui par le moyen duquel je meſure l'évaporation d'une piece de terre ; je ſuſpends l'inſtrument de maniere que les bords de la cloche y pénétrent de l'étendue d'une ou deux lignes. Lorſque j'emploie l'Hygromêtre à cloche pour meſurer l'humidité de quelques corps particuliers, comme celle des bois coupés, ſur laquelle pluſieurs Savans ont fait des recherches intéreſſantes, j'entoure la circonférence de l'inſtrument qui les touche, de mercure ou de toute autre matiere propre à les défendre de l'impreſſion de l'air extérieur, qui emporteroit une partie des vapeurs qu'ils exhalent (1).

(1) J'ai ajouté ici cette eſquiſſe de ma maniere d'obſerver par le moyen de l'Hygromêtre à cloche, à deſſein d'inviter les Savans à en faire uſage, ils trouveront que les expériences que je propoſe, peuvent ſervir à étendre pluſieurs branches de la phyſique. 1°. Celle qui regarde l'économie domeſtique, pour meſurer les exhalaiſons humides qui s'élevent du plancher, ou des murs des chambres, & connoître par-là, ſuivant

la remarque de M. *Toaldo*, » si une chambre est » mal saine pour saler les chairs ou les poissons; » car l'humidité de l'air qui est ordinairement ac- » compagnée de chaleur, dispose à la putréfac- » tion, & résout le sel qui, au lieu de pénétrer » les chairs, s'écoule en eau. » *Ouvrage cité*, Météorologie, *page 205*.

2°. Celle qui est dirigée vers la Médecine; on observera par l'application de cet instrument sur la peau des malades dans les différens temps des maladies aigues, plusieurs phénomenes concernant les crises, qui sont aussi curieux, qu'ils peuvent devenir utiles.

3°. Celle qui a pour objet l'Agriculture; on tirera de cet instrument des connoissances sur la nature des terres où l'on doit semer ou planter les productions qui aiment les sols humides, & celles qui se plaisent davantage dans les lieux secs, & sur les changemens futurs des temps. Ces connoissances seront d'autant plus utiles au cultivateur, qu'elles doivent lui servir de regle pour ses semailles, ses récoltes & une infinité de précautions essentielles à ceux qui veulent cultiver avec fruit.

F I N.

TABLE
DES MATIERES.

Les chiffres précédés d'une étoile indiquent les pages du Traité de l'Hygromêtre.

A

B

L

M

O

P

Q

R

S

U

V

Fin de la Table.

FAUTES A CORRIGER.

PAGE 9, ligne 10, Sud-sud-oueſt, *liſez* Sud-Oueſt.

Ibidem, lignes 15 & 16, *liſez* les Seigneuries de friſe & de Groënigue.

Page 21, *lignes* 17 & 18, colonne 3, à la place de

73 } ½ *mettez* 73
2 } 2 ½.

Page 23, ligne 24, colonne 5, chaleur, *liſez* froid.

Page 43, ligne derniere, comme il fait, *liſez* comme à faire.

Page 85, ligne 11, Habitans, *liſez* Habitantes.

Page 91, ligne 2, un fond *ajoutez* ſi riche.

Page 100, ligne 10, bonerai, *liſez* bornerai.

Page 144, ligne 18, dans le mois, *liſez* les mois.

Page 174, ligne antépénultieme, qui n'ont, *liſez* qui ont.

Page 182, ligne pénultieme, circonſtances, *liſez* circonſtance.

Page 197, ligne 5, & 111, *liſez* & 121.

Page 203, premiere ligne (99) *liſez* (109 note).

Page 213, ligne 15, *otez* cependant.

Page 218, ligne 22, ſont ſaiſis, *liſez* ſont quelquefois ſaiſis.

Page 236, antépénultieme ligne, Mourques, *liſez* Mourgues.

Page 242, pénultieme ligne, *præcludetur*, ajoutez *occaſio*.

www.ingramcontent.com/pod-product-compliance
Ingram Content Group UK Ltd.
Pitfield, Milton Keynes, MK11 3LW, UK
UKHW012102240726
13965UKWH00004B/1480